Un manuel ou une méthode simple de gestion des abeilles

John M. Semaines

Writat

Cette édition parue en 2023

ISBN : 9789359253602

Publié par
Writat
email : info@writat.com

Contenu

PRÉFACE.

Il semble à l'auteur des pages suivantes qu'un ouvrage de cette nature est indispensable dans notre pays.

La culture de l'abeille (*Apis Mellifica*) a été trop longtemps négligée dans la plupart des régions des États-Unis.

Cette négligence générale vient incontestablement du fait que l'ennemi européen des abeilles, appelé papillon de nuit, a trouvé son chemin dans ce pays, s'est installé et s'est naturalisé ici ; et a fait tant de ravages parmi les abeilles, que de nombreuses régions ont entièrement abandonné leur culture. Beaucoup d'apiculteurs et d'hommes possédant les plus hautes connaissances littéraires et les plus expérimentées ont presque épuisé leur patience en examinant la nature particulière et les habitudes de cet insecte ; et ont tenté diverses expériences pour trouver des moyens de prévenir ses déprédations. Mais, après tout ce qui a été fait, les ravageurs avancent sans trop de nuisances, et très peu de nos concitoyens sont disposés à s'engager dans l' entreprise de cultiver le plus utile et le plus rentable de tous les insectes, l'abeille.

L'ouvrage suivant est compris dans un ensemble de règles claires et concises, par lesquelles, si elles sont strictement respectées et mises en pratique , toute personne correctement située peut cultiver des abeilles et profiter de tous les bénéfices de son travail.

Si le rucher se conforme strictement aux règles suivantes, l'auteur est convaincu qu'aucune colonie ne souffrira jamais matériellement du papillon, ni ne sera jamais détruite par lui.

L'auteur connaît les nombreux traités publiés sur ce sujet ; mais ils lui semblent, pour la plupart, être le résultat moins d'une expérience que de spéculations vagues et conjecturales, et ne traduisant pas suffisamment ce qui est pratique et utile.

Ce travail est destiné à accompagner la ruche du Vermont et se révèle être le résultat de l'observation et de l'expérience, et on pense qu'il comprend tout ce qui est nécessaire pour faire un apiculteur habile .

L'AUTEUR.

RÈGLE I.

SUR LA CONSTRUCTION D'UNE RUCHE.

Une ruche doit être constituée de planches saines, exemptes de secousses et de fissures ; il doit également être raboté lisse, à l'intérieur comme à l'extérieur, fabriqué selon les règles de l'art et peint à l'extérieur.

REMARQUES.

Qu'une ruche doive être parfaite, de manière à exclure la lumière et l'air, est évident par le fait que les abeilles termineront ce que l'ouvrier a négligé, en comblant toutes les fissures et crevasses, ou les mauvais joints, comme le sont les abeilles. laissé ouvert par le menuisier. La substance qu'elles utilisent à cet effet n'est ni du miel ni de la cire, mais une sorte de colle ou de ciment de leur propre fabrication, et est utilisée par les abeilles pour combler tous les joints imparfaits et exclure toute lumière et tout air . Ce ciment ou colle est très propice à la croissance du papillon dans les premiers stades de son existence.

La teigne meunière entre généralement dans la ruche pendant la nuit, fait une incision dans la colle ou le ciment avec son aiguillon et laisse ses œufs déposés dans la colle, où ils restent à l'abri des abeilles ; il est gardé par les bois sur ses côtés. Ainsi, lorsqu'il est un asticot (*larve*), le papillon utilise le ciment pour se nourrir jusqu'à ce qu'il parvienne à un état de maturité tel qu'il soit capable de tisser une toile, ce qui est expliqué plus en détail dans les remarques sur la règle 10.

La taille d'une ruche doit être conforme aux règles d'économie les plus strictes et adaptée à la nature particulière et à l'économie de l'abeille domestique, afin de la rendre rentable à son propriétaire.

L'appartement inférieur de la ruche, où ils stockent leur nourriture, élèvent leurs jeunes abeilles et accomplissent leurs travaux ordinaires, devrait contenir jusqu'à une boîte de treize pouces et demi ou quatorze pouces carrés en clair.

Si la ruche est beaucoup plus grande que celle décrite ci-dessus, avec une chambre proportionnelle, qui devrait contenir environ les deux tiers de ce que l'appartement inférieur, les abeilles ne risquent pas d'essaimer pendant la saison.

Les abeilles dans les grandes ruchès n'essaiment jamais ; et ceux qui sont dans des ruches bien moins nombreuses que celle déjà décrite ne font guère d'autre que d'élever de jeunes abeilles et d'accumuler une quantité suffisante de nourriture pour les approvisionner pendant l'hiver à venir, et sont plus susceptibles d'être volés.

Toutes les ruches d'abeilles qui essaiment sont susceptibles d'essaimer trop et de réduire leurs colonies si peu en nombre qu'elles les blessent matériellement, et sont fréquemment la cause de leur destruction par le papillon, ce qui est plus particulièrement expliqué dans les remarques sur la règle 2.

Le changeur de la ruche doit être parfaitement étanche, de manière à exclure toute lumière des tiroirs.

Les tiroirs doivent être petits comme le n° 2, pour tous les usages, sauf ceux utilisés pour la multiplication et le transfert des colonies, qui doivent toujours être grands comme le n° 1.

Les ruches devraient avoir des élus sur leurs côtés, de manière à les suspendre dans les airs à une certaine distance du sol du rucher, afin de mieux protéger les abeilles de la destruction par les souris, les reptiles et autres vermines.

L'arrière ou l'arrière de l'appartement inférieur de la ruche doit être incliné vers l'avant, de manière à le rendre le plus petit possible au fond, afin de mieux empêcher les rayons de tomber lorsqu'ils sont fissurés par le gel ou presque fondus par temps chaud.

Aucun bois ou planche ne doit être placé très près du bord inférieur de la ruche, car cela facilite l'entrée des prédateurs. Le fait que le côté arrière doit être incliné vers l'avant est évident par le fait que les abeilles reposent généralement un bord de leurs rayons sur ce côté et se construisent vers l'avant de manière à entrer sur la même feuille où elles ont l'intention de déposer leurs provisions. , lors de leur première entrée dans la ruche, sans être obligés de faire des démarches inutiles.

Le fond de la ruche doit être incliné vers le bas, d'arrière en avant, de manière à offrir la plus grande facilité aux abeilles pour nettoyer leur logement de toutes substances nocives et laisser couler l'eau provoquée par le souffle et la vapeur des abeilles. hors de l'eau froide. Cela aide également beaucoup les abeilles à empêcher l'entrée des voleurs.

Le panneau inférieur doit être suspendu par des agrafes et des crochets près de chaque coin de la ruche, de manière à permettre une entrée et une sortie libres aux abeilles sur tous ses côtés, ce qui leur permettra de mieux garder leur logement à l'écart des mites. .

Il devrait y avoir un bouton attaché au bord inférieur de l'arrière de la ruche, de manière à permettre au rucher de gouverner le plateau inférieur de manière à donner tout l'air dont il a besoin, ou de fermer la ruche à son gré.

La ruche doit avoir deux bâtons placés à égale distance, s'étendant d'avant en arrière, reposant sur l'arrière, avec une vis enfoncée par l'avant dans l'extrémité du bâton, qui le maintient fermement à sa place, et un ventilateur entendant le haut. de l'appartement inférieur de la ruche, pour évacuer les vapeurs qui causent fréquemment la mort des abeilles en hiver par le gel.

La porte de la chambre devra être faite pour s'ajuster dans les rainures de celle-ci contre les montants, de manière à exclure la lumière des fenêtres des tiroirs, et aussi à empêcher l'entrée des petites fourmis. Il doit également être suspendu par des mégots ou fixé par une barre passant verticalement au centre de la porte et retenu par des agrafes à chaque extrémité. Il devrait y avoir trois glissières en tôle, dont une devrait être presque aussi large que la chambre et un ou deux pouces plus longue que la longueur de la chambre. Les deux autres doivent avoir la même longueur que le premier et seulement la moitié de sa largeur.

Toutes les ruches et tous leurs appendices doivent avoir exactement une taille et une forme identiques à celles du même rucher. La difficulté d'égaliser les colonies est bien moindre que celle d'adapter les ruches aux essaims. Beaucoup de perplexité et parfois de sérieuses difficultés surviennent lorsque le rucher utilise des ruches et des tiroirs de différentes tailles. Mais cette partie du sujet sera discutée plus en détail sous sa propre règle.

RÈGLE II.

SUR L'ESSAIEMENT ET LE HIVING.

Le rucher, ou propriétaire d'abeilles, doit avoir ses ruches prêtes et à leur place dans le rucher, avec les tiroirs de leurs chambres vers le bas, de manière à empêcher l'entrée.

Lorsqu'un essaim sort et s'est posé, coupez la branche si cela vous convient, secouez-la doucement, de manière à dégager les abeilles, et laissez-les tomber doucement sur la table, la planche ou le sol (selon le cas). placez la ruche dessus avant que beaucoup d'abeilles ne s'élèvent dans les airs, en prenant soin en même temps de poser un ou plusieurs bâtons de manière à surélever la ruche afin de permettre aux abeilles d'entrer et de sortir rapidement. Si les abeilles prennent à contrecœur possession de leur nouvelle habitation, dérangez-les en les effleurant avec une plume d'oie ou tout autre instrument non dur, et elles entreront bientôt. Dans le cas où il serait nécessaire de renverser la ruche pour recevoir les abeilles (ce qui est fréquent, à cause de la manière dont elles descendent), alors, fixez d'abord les tiroirs au sol en insérant un mouchoir ou quelque chose au-dessus d'eux ; maintenant, retournez la ruche et secouez ou brossez les abeilles dedans ; maintenant, tournez-le doucement vers la droite et finissez- le sur la table, ou ailleurs, en respectant la règle ci-dessus.

REMARQUES.

Les abeilles pullulent de neuf heures du matin à trois heures de l'après-midi lors d'une journée de beau temps, différant selon la saison selon le climat. Dans le Vermont, ils pullulent généralement de la mi-mai au 15 juillet ; en fin de saison, un peu plus tard. Je les ai vus pulluler dès sept heures du matin et jusqu'à quatre heures de l'après-midi. Je les ai également vus se manifester lorsqu'il pleuvait si fort qu'ils étaient sur le point de les vaincre en abattant au sol un grand nombre de personnes probablement perdues dans leur colonie ; et j'ai eu une fois un essaim le seizième jour d'août.

L'expérience et l'observation ont appris que la reine quitte d'abord l'ancienne souche et que sa colonie la suit rapidement. Ils volent quelques minutes environ, apparemment dans la plus grande confusion, jusqu'à ce que l'essaim soit en grande partie hors de la ruche. Ils se posent ensuite, généralement sur la branche d'un arbre, d'un arbuste ou d'un buisson, ou dans tout autre endroit qui leur convient pour se regrouper en groupe, non loin de l'ancien tronc, et prendre leurs dispositions pour un voyage vers une nouvelle habitation. Peut-être pas un essaim sur mille ne sait où il va avant d'avoir quitté son ancien stock, de s'être posé et de former un corps ou un groupe compact ; et seulement jusqu'à ce qu'ils aient envoyé une ambassade pour chercher un endroit pour leur future résidence. Or, si les abeilles sont mises en ruche immédiatement après leur atterrissage, avant qu'elles envoient leur ambassade chercher un nouveau logement, elles ne s'envoleront jamais, même si elles ont suffisamment d'espace (car c'est le manque d'espace qui les fait pulluler au premier abord). endroit,) et leur ruche est débarrassée de tout ce qui leur est offensant.

L'ancienne coutume de laver les ruches avec du sel, de l'eau et d'autres substances, pour leur donner des effluves agréables , devrait être rapidement abolie. Seules les abeilles devraient être mises dans une ruche.

Lorsque les abeilles meurent, la ruche doit être débarrassée de son contenu et grattée, et la chambre doit être frottée avec un chiffon mouillé dans de l'eau propre ; puis placez-le à sa place dans le rucher, et laissez-le là jusqu'à ce que vous en ayez besoin. Une vieille ruche ainsi préparée vaut une nouvelle pour la réception d'un essaim. Le rucher doit examiner avant utilisation pour s'assurer que la ruche est exempte d'araignées et de toiles d'araignées.

Lorsque les abeilles ne sont pas mises en ruche immédiatement après s'être regroupées en un corps, elles doivent être transportées au rucher ou à plusieurs bâtonnets de l'endroit où elles se sont posées, dès qu'elles peuvent être mises en ruche, pour éviter qu'elles ne soient retrouvées au retour de la ruche. ambassade. Depuis que je pratique ainsi , je n'ai jamais perdu un essaim en vol.

L'expérience a appris qu'il est préférable de déplacer le nouvel essaim à l'endroit où il est prévu de rester pendant la saison, immédiatement après la ruche. Moins d'abeilles sont perdues par un déplacement rapide que lorsqu'on les laisse rester debout jusqu'au soir, parce qu'elles sont des créatures d'habitude et qu'elles s'établissent à chaque instant dans leur emplacement. Cela évite également qu'ils soient retrouvés par l'ambassade à leur retour. Plus les abeilles restent longtemps à l'endroit où elles se trouvent, plus le nombre d'abeilles perdues lors de leur élimination est important. Mais nous en reparlerons plus tard.

Lorsque les abeilles sont rassemblées dans des tiroirs dans le but d'égaliser les colonies, en les doublant, etc., il faut leur permettre de rester debout jusqu'au soir avant de s'unir, car c'est un moment plus favorable pour qu'elles se connaissent peu à peu ; et l'odeur des abeilles de l'appartement inférieur entrera par les ouvertures pendant la nuit, à tel point qu'il y aura un plus grand degré de similitude dans l'odeur particulière des deux colonies, ce qui enlève leur animosité, si elles ont la chance d'en avoir.

Aucune confusion ni aucun bruit inhabituel pour les abeilles ne doivent jamais être émis pendant leur essaimage ou leur ruche. Le seul effet du bruit, du tintement des cloches, etc. , que j'ai jamais pu découvrir, a été de les rendre plus hostiles et ingérables.

Lorsque les abeilles sont traitées conformément à leur vraie nature, elles sont parfois hostiles, ce qui provient de deux causes : premièrement, certaines d'entre elles se couchent hors de la ruche avant l'essaimage et certaines d'entre elles, en raison de leur confusion lors de l'essaimage, ne sont pas averties. de l'intention de la reine de quitter les vieux troupeaux et de chercher de nouvelles habitations et ils sortent avec l'essaim sans remplir leurs sacs de provisions, ce qui les rend toujours plus irritables que lorsque leur estomac est rempli de nourriture.

La ruche Vermont possède à cet égard des avantages, ainsi que d'autres, bien supérieurs à l'ancienne boîte. Au lieu de s'étendre avant de fourmiller, comme dans la vieille caisse, ils montent dans les tiroirs, et sont constamment occupés à déposer les délicieux fruits de leur travail ; et étant dans la ruche, où ils peuvent entendre et observer tous les mouvements de la reine, ils sortent bien chargés de provisions adaptées aux exigences particulières de la situation ; ce qui empêche d'ordinaire tout sentiment d'hostilité.

La seconde raison pour laquelle les abeilles sont quelquefois irritables et disposées à piquer lorsqu'elles pullulent, c'est que l'air leur est interdit, en étant froid ou autrement, de manière à les gêner dans leur émigration déterminée. Dans tous ces cas , le apiculteur doit être muni d'un voile fait de millenet ou d'une couverture légère qui peut être porté par-dessus son chapeau et baissé si bas qu'il couvre son visage et sa poitrine, et fixé de manière à ce qu'il puisse se couvrir. pour éviter qu'ils ne piquent. Il doit également mettre sur ses mains une paire de gants de laine épais ou des bas, afin de les gérer sans le moindre danger.

Une ruche propre est tout ce dont un essaim d'abeilles a besoin, avec un traitement soigné et humain.

Une grappe d'abeilles ne doit jamais être secouée ou secouée, pas plus que simplement pour les dégager de la branche ou de l'endroit où elles sont collectées, et elles ne doivent pas non plus tomber à une grande distance, car leurs sacs sont pleins lorsqu'elles essaiment, ce qui les rend à la fois maladroites et maladroites. inoffensifs et les traitements durs les rendent irritables et ingérables.

Je ne connais aucune règle permettant de connaître avec certitude le jour exact de leur premier essaimage. Le rucher évaluera à peu près le nombre d'abeilles dans et autour de la ruche, car elle deviendra très encombrée.

Le jour du deuxième essaimage, et tous les suivants au cours de la même saison, peuvent être très certainement prédits de la manière suivante : Écoutez près de l'entrée de la ruche le soir. Si un essaim apparaît le lendemain, on entendra la reine donner l'alarme à de courts intervalles. La même alarme pourrait être entendue le lendemain matin. L'observateur entendra généralement deux reines à la fois dans la même ruche, l'une beaucoup plus forte que l'autre. Celle qui fait le moins de bruit est pourtant dans sa cellule, et en minorité. Le son émis par les reines est particulier et diffère sensiblement de celui de toute autre abeille. Il s'agit d'un certain nombre de notes monotones se succédant rapidement, semblables à celles émises par la guêpe de boue lorsqu'elle travaille son mortier et l'associe à ses cellules, pour élever des guêpes ratées. Si, après tout, le temps est défavorable à leur essaimage pendant deux ou trois jours alors qu'ils se trouvent dans cette étape particulière, il est peu probable qu'ils essaiment de nouveau la même saison.

Deux raisons, et deux seulement, peuvent expliquer pourquoi les abeilles pullulent. La première est le manque de place, et la seconde est d'éviter la bataille des Reines. Il est vrai qu'il existe des exceptions . Peut-être qu'un essaim sur cent pourrait naître avant que sa ruche ne soit remplie de rayons ; mais, après près de quarante ans d'expérience dans leur culture, je n'ai jamais vu d'exemple où la ruche ne fût pas pleine d'abeilles à leur premier essaimage. Lorsque les abeilles vont du vieux cep à l'arbre sans se poser, c'est lorsqu'elles se couchent hors de la ruche avant de commencer l'essaimage, et l'ambassade est envoyée avant que l'essaim ne quitte le vieux cep. Lorsque le premier essaim apparaît, les œufs, les jeunes couvains, ou les deux, restent dans les rayons, mais pas de reine ; car la vieille reine part toujours avec l'essaim et laisse la vieille souche entièrement démunie. Il ne reste pas une seule reine, quel que soit son stade de minorité, dans la ruche. Les abeilles se trouvèrent très vite dépourvues des moyens de propager leur espèce (car la reine est la seule femelle de la ruche) et se mirent aussitôt à travailler à la construction de plusieurs cellules royales (sans doute pour être plus sûres du succès). prenez un larve (*larve*) de la cellule d'une ouvrière ordinaire, placez-la dans la cellule royale nouvellement créée, nourrissez-la de gelée royale, et en quelques jours, ils deviennent une reine. Or, comme les œufs sont pondus à raison d'environ trois portées par semaine, les abeilles, pour être encore plus sûres du succès de leur entreprise , prennent des asticots d'âges différents, de sorte que si plus d'une reine éclos, l'une sera plus âgée que la reine. autres. Ce fait explique qu'on entende plus d'une reine à la fois, parce que l'une sort une mouche parfaite, tandis que l'autre est une nymphe, ou un peu plus jeune, et n'a pas encore réussi à s'échapper de la cellule où elle a été élevée ; et pourtant tous deux répondent à l'alarme de l'autre, le plus jeune plus faiblement que l'aîné.

Les abeilles n'essaiment qu'une seule fois dans la même saison, à moins qu'elles ne fassent plus d'une reine, immédiatement après le départ du premier essaim ; et pas alors, si les abeilles permettent à la reine la plus âgée d'entrer en contact avec la cellule où grandissent les jeunes. Les reines entretiennent l' animosité la plus mortelle les unes envers les autres et commenceront à s'attaquer les unes contre les autres dès que l'occasion se présentera. La vieille reine mettra même en pièces tous les berceaux ou cellules où poussent les jeunes et détruira toutes les reines chrysalides de la ruche.

Si le temps devient défavorable à l'essaimage, le lendemain de l'alarme de la Reine, et cela pendant plusieurs jours, la Reine la plus âgée peut entrer en contact avec les autres, ou accéder à leurs cellules ; dans les deux cas, la vie de l'un d'eux est détruite par l'autre, et la colonie ne risque pas d'envoyer un autre essaim au cours de la même saison. Si la vieille reine réussit à ôter la vie à la plus jeune, ou *vice versa* , les nymphes restantes partageront probablement le même sort que leurs sœurs martyres, de la part de la reine régnante, qui considère toutes les autres dans la même ruche comme des ses concurrentes.

Les seconds essaims seraient aussi grands et nombreux que les autres, s'ils ne surgissaient pour éviter la bataille des reines. Les abeilles sont très tenaces pour préserver la vie de leurs souveraines, particulièrement celles de leur propre élevage ; et lorsqu'ils découvrent qu'ils en ont plus d'un dans la ruche, ils les garderont chacun assez fort pour empêcher, si possible, qu'ils ne se rapprochent les uns des autres. Ils étant ainsi fortement gardés pour empêcher le combat , est incontestablement la cause qui leur a donné l'alarme, comme décrit dans l'article précédent. La connaissance de l'existence d'une autre reine dans la même ruche leur inspire le plus grand inquiétude et la plus grande rage ; et lorsque la plus âgée se trouve vaincue dans l'accès à son concurrent, elle s'en va avec tous ceux qui jugent bon de la suivre et cherche une nouvelle habitation.

Les abeilles n'essaimeront qu'une fois par saison, si la seconde ne sort pas dans les dix-sept jours qui suivent le départ de la première, à moins qu'elles n'essaiment par manque de place, auquel cas aucune reine ne se fera entendre avant l'essaimage.

Il faut retourner les tiroirs, de manière à y laisser entrer les abeilles dès qu'elles ont construit leurs rayons presque jusqu'au fond de la ruche. Si l'essaim est si grand que l'appartement inférieur ne peut pas tous les contenir, il faut les laisser dans un ou dans les deux tiroirs, au moment de la ruche ; sinon, ils risquent de partir faute de place. Les abeilles doivent être placées dans les tiroirs au printemps dès que les fleurs apparaissent.

RÈGLE III.

SUR L'aération de la ruche.

Gradez à volonté le panneau inférieur et le ventilateur, au moyen du bouton ou autrement, de manière à leur donner plus ou moins d'air, selon que les circonstances l'exigent.

REMARQUES.

Les abeilles ont besoin de plus d'air qu'à tout autre moment pour pouvoir supporter la chaleur de l'été et la rigueur de l'hiver. S'ils sont conservés au froid, ils ont besoin d'autant d'air en hiver que pendant la chaleur de l'été. C'est seulement dans une température douce qu'il est sécuritaire de les conserver à l'abri de l'air pur. Placés à l'abri du gel dans un banc de sable sec, ils semblent n'avoir besoin que d'à peine plus que ce que contient leur ruche au moment où ils sont enterrés, pendant tout l'hiver. Si elle est conservée dans une cave propre et sèche, la bouche contractée de manière à éloigner les souris, leur en donne suffisamment. Mais s'ils sont conservés dans le rucher, il devrait y avoir un lent courant d'air qui pénètre constamment par le bas et s'échappe par le haut à travers le ventilateur.

RÈGLE IV.

SUR LA PRÉVENTION DES VOLS.

Au moment où l'on remarque que des voleurs sont à l'intérieur ou à proximité de la ruche, soulevez le panneau inférieur si près du bord de la ruche qu'il empêche l'entrée ou la sortie des abeilles, et fermez la bouche ou l'entrée commune et le ventilateur. Veillez en même temps à laisser un petit espace ouvert de tous les côtés de la ruche, afin de leur donner tout l'air dont ils ont besoin. N'ouvrez la bouche que le soir et fermez-la de bon matin, avant que les voleurs ne reprennent leur attaque.

REMARQUES.

Les abeilles ont une propension particulière à se voler les unes les autres, et le cultivateur doit prendre toutes les précautions nécessaires pour l'empêcher. Les familles d'un même rucher sont plus susceptibles de s'engager dans cette entreprise illégale que n'importe quelle autre, probablement parce qu'elles sont situées si près les unes des autres, et sont plus susceptibles d'apprendre leur force relative. Je n'ai jamais pu découvrir d'intimité entre colonies d'un même rucher, sauf lorsqu'elles se tenaient sur le même banc ; et alors, tous les rapports sociaux semblent subsister seulement entre les plus proches voisins.

Il est peu probable que les abeilles se livrent à des guerres et se volent les unes les autres, sauf au printemps et à l'automne, et à d'autres moments de la saison, lorsqu'il est difficile d'obtenir de la nourriture à partir des fleurs.

Les abeilles ne se livrent pas souvent à des vols au printemps, à moins que ce ne soit dans des ruches dont les rayons ont été brisés par le gel ou autrement, de manière à faire couler le miel sur la planche inférieure. Le rucher doit prendre grand soin de veiller à ce que toutes ces ruches soient correctement aérées et en même temps fermées de manière à empêcher l'entrée des voleurs pendant la journée, jusqu'à ce qu'ils aient réparé la brèche, de manière à ce que pour empêcher le miel de couler.

Il faut leur donner de l'eau claire tous les jours, tant qu'ils sont gardés en confinement.

J'ai vu beaucoup de bons stocks se perdre au printemps, à cause du vol ; et tout cela faute de soins. Les abeilles se volent entre elles lorsqu'elles ne trouvent pas grand-chose d'autre à faire ; ils voleront à tout moment lorsque le gel aura détruit les fleurs ou que le temps sera si froid qu'il les empêchera d'en récolter le miel. Le temps froid et frais empêche les fleurs de produire du miel sans gel, comme ce fut le cas à l'été 1835, dans de nombreux endroits.

Les abeilles n'ont besoin que de peu d'air lorsqu'elles volent, et pourtant il leur en faut davantage lorsqu'elles sont confinées par des moyens obligatoires, que autrement. Privés de liberté, ils deviennent vite agités et font de leur mieux pour sortir de la ruche, d'où l'importance de laisser un petit espace tout autour du fond pour laisser passer l'air et éviter qu'ils ne fondent.

RÈGLE V.

SUR L'ÉGALISATION DES COLONIES.

Ruche un essaim dans l'appartement inférieur de la ruche ; rassemblez un autre essaim dans un tiroir et insérez-le dans la chambre de la ruche contenant le premier. Puis, si les essaims sont petits, recueillez un autre petit essaim dans un autre tiroir, et insérez-le dans la chambre de la ruche contenant le premier, à côté du second. Dans le cas où toutes les abeilles de l'un ou l'autre des tiroirs fusionnent et descendent en dessous avec le premier essaim, et laissent le tiroir vide, alors il peut être retiré et un autre petit essaim ajouté de la même manière.

REMARQUES.

Il est de la plus haute importance pour tout cultivateur d'abeilles que toutes ses colonies soient aussi égales que possible en nombre et en force. Tout maître apiculteur expérimenté doit être conscient que les petits essaims ne rapportent que peu de profit à leur propriétaire. Généralement, quelques jours après leur ruche, ils sont partis ; — personne ne peut retrouver leurs traces : les uns supposent qu'ils ont fui vers les bois, d'autres, qu'ils ont été volés : mais après tout, personne ne peut rien dire. compte rendu satisfaisant d'eux. Il ne reste que quelques morceaux de rayons, et peut-être des myriades de vers et de meuniers achèvent le tout. Le papillon est alors censé être leur destructeur, mais la véritable histoire de l'affaire est généralement la suivante : les abeilles se découragent, ou se découragent, faute de nombre pour constituer leur colonie, abandonnent leur logement et rejoignent leurs voisins les plus proches, laissant leurs peignes aux déprédations impitoyables du papillon. Ils sont parfois pillés par leurs ruches voisines, puis les papillons achèvent ou détruisent ce qui reste.

Les deuxièmes essaims sont généralement environ deux fois moins grands que les premiers et les troisièmes essaims deux fois moins grands que les seconds.

Or, si les seconds essaims sont doublés, de manière à les rendre égaux en nombre au premier, le propriétaire profite de l'avantage d'une colonie forte, qui ne risque pas de se décourager faute de nombre, ni d'être vaincue par des voleurs venus de pays plus forts. colonies.

C'est beaucoup moins de peine et moins de dépenses pour le propriétaire d'abeilles d'égaliser ses colonies que de préparer des ruches et des tiroirs de différentes tailles pour accueillir les colonies.

Lorsque les colonies et les ruches sont rendues aussi semblables que possible, de nombreux maux sont évités et de nombreux avantages sont réalisés : chaque ruche trouvera sa place dans le rucher ; chaque tiroir est une ruche, et chaque plateau inférieur et chaque toboggan peuvent en tout cas être utilisés sans problème. erreurs.

Les essaims peuvent être doublés à tout moment avant d'être localisés de manière à reprendre leur ancienne hostilité, qui ne sera pas découverte avant trois ou quatre jours. Les abeilles disposent d'un réservoir, ou d'un sac, pour y transporter leurs provisions ; et quand ils pullulent, ils partent chargés de provisions adaptées à leur nécessité, ce qui enlève toute leur hostilité les uns envers les autres ; et jusqu'à ce que ces sacs soient vidés, ils ne sont pas facilement contrariés, et comme ils sont obligés de construire des rayons avant de pouvoir les vider, leur contenu est retenu plusieurs jours. J'ai doublé, à quinze jours d'intervalle, en essaim, avec plein succès. L'opération doit être réalisée dans un délai de deux ou trois jours, au maximum quatre jours. Plus tôt cela sera fait, moins l'expérience sera dangereuse.

En règle générale, seuls les seconds essaims devraient être doublés. Les troisième et quatrième essaims doivent toujours se voir retirer leur reine et les abeilles doivent être remises au stock parent, conformément à la règle 10.

RÈGLE VI.

POUR ENLEVER LE MIEL.

Insérez une glissière sous le tiroir, jusqu'à couper toute communication entre l'appartement du bas et le tiroir. Insérez une autre diapositive entre la première diapositive et le tiroir. Sortez maintenant la boîte contenant le miel, avec la diapositive qui se trouve à côté. Placez le tiroir du côté de la fenêtre, à une petite distance du rucher, et retirez la glissière. Remplacez maintenant le tiroir ainsi retiré par un tiroir vide et dessinez la première diapositive insérée.

REMARQUES.

Il faut être prudent lors de l'exécution de cette opération. Les ouvertures traversant le sol dans la chambre doivent être maintenues fermées par les glissières pendant le processus, de manière à empêcher les abeilles de se précipiter dans la chambre lorsque la boîte est retirée. L'opérateur doit également veiller à ce que les entrées du tiroir soient couvertes par la glissière, de manière à empêcher la fuite d'aucune des abeilles, à moins qu'il ne veuille être piqué par elles.

Si les abeilles sont autorisées à entrer dans la chambre par temps très chaud, elles en occuperont probablement l'espace et y construiront des rayons, ce qui transformera la ruche en une boîte à l'ancienne mode.

J'ai mieux réussi à enlever le miel par la méthode suivante, à savoir : - Fermer les stores de manière à assombrir une des pièces de la maison d'habitation - relever un battant d'une fenêtre - puis porter le tiroir et placer le miel. de même sur une table, ou debout, près de la fenêtre, sur son extrémité lumineuse ou vitrée, avec les ouvertures vers la lumière. Retirez maintenant la diapositive et revenez immédiatement dans la partie sombre de la pièce. Les abeilles apprendront bientôt leur véritable condition et quitteront progressivement le tiroir pour retourner chez elles vers le cheptel parental ; laissant ainsi le tiroir et son contenu à leur propriétaire ; mais pas avant d'avoir sucé chaque goutte de miel qui coule, s'il y en a, ce qui n'est pas souvent le cas, une fois leur travail terminé.

Il existe deux cas dans lesquels les abeilles manifestent une certaine réticence à quitter le tiroir. La première est lorsque les rayons sont dans un état inachevé – certaines cellules ne sont pas scellées. Les abeilles manifestent un grand désir d'y rester, probablement pour rendre leurs magasins plus sûrs des voleurs, en apposant des capuchons sur les alvéoles découvertes, pour empêcher les effluves du miel coulant, qui sont toujours la plus grande tentation des voleurs.

Les abeilles manifestent la plus grande répugnance à quitter le tiroir, lorsque les jeunes couvains y sont retirés, ce qui n'arrive jamais, sauf dans les tiroirs qui ont été utilisés pour se nourrir en hiver ou au début du printemps. Lorsque la Reine a déposé des œufs dans toutes les cellules vides du dessous, elle entre parfois dans les tiroirs ; et si des cellules vides sont trouvées, elle y dépose également ses œufs. Dans les deux cas, mieux vaut rendre le tiroir, qui sera rendu parfait par leurs soins dans quelques jours.

Un soin particulier est nécessaire dans le stockage des tiroirs de miel, lorsqu'ils sont retirés du soin et de la protection des abeilles, afin de préserver le miel des insectes qui en sont de grands amateurs , notamment la fourmi. Un coffre parfaitement serré constitue un bon entrepôt.

Si le miel dans les tiroirs doit être conservé pour une utilisation hivernale, il doit être conservé dans une pièce suffisamment chaude pour ne pas geler. Le gel fissure les rayons et le miel coulera dès que le temps chaud commencera. Les tiroirs doivent être emballés avec leurs ouvertures vers le haut, pour être conservés ou transportés sur le marché. Tous les apiculteurs qui souhaitent tirer le meilleur profit de leurs abeilles devraient retirer le miel dès que les tiroirs sont remplis et approvisionner leurs places en vides. Les abeilles commenceront leur travail dans une boîte vide et remplie plus tôt que toute autre.

RÈGLE VII.

LA MÉTHODE POUR obliger les essaims à fabriquer et à conserver des reines supplémentaires, pour leur APIARIEN OU PROPRIÉTAIRE.

Prenez un tiroir contenant des abeilles et un rayon à couvain, et placez-le dans la chambre d'une ruche vide ; en ayant soin de boucher l'entrée de la ruche, et de leur donner de l'eau propre, quotidiennement, pendant trois ou quatre jours. Alors ouvrez l' embouchure de la ruche et donnez-leur la liberté. L'opérateur doit respecter la règle 6 lors de l'utilisation des toboggans.

REMARQUES.

La prospérité de chaque colonie dépend entièrement de la condition de la reine, lorsque la saison leur est favorable.

Chaque maître d'abeilles devrait comprendre sa nature à cet égard, afin d'être prêt à leur fournir une autre reine lorsqu'ils se retrouveront dans le dénuement.

La découverte du fait que les abeilles ont le pouvoir de changer la nature du larve (*larve*) d'une ouvrière en celle d'une reine, est attribuée à Bonner. Mais ni Bonner, ni l'infatigable Huber, ni aucun autre écrivain, à ma connaissance, ne sont allés assez loin dans l'illustration de cette découverte pour la rendre pratique et facile pour le commun des mortels de profiter de ses bienfaits.

La ruche du Vermont est la seule, à ma connaissance, dans laquelle les abeilles peuvent être obligées de fabriquer et de garder des reines supplémentaires pour l'usage de leur propriétaire, sans difficulté extrême, ni danger de piqûre, en tentant l'expérience.

L'idée d'élever Son Altesse Royale, et de l'élever et de l'établir sur le trône d'une colonie, peut, par certains, être considérée comme tout à fait visionnaire et futile ; mais j'assure au lecteur que c'est plus facile à faire qu'on ne peut le décrire. Je les ai tous deux élevés et j'ai fourni à plusieurs reprises des essaims démunis.

Lorsque le tiroir contenant les abeilles et le rayon à couvain est retiré, les abeilles se retrouvent bientôt dépourvues de femelle et se mettent immédiatement à l'ouvrage pour construire une ou plusieurs cellules royales. Une fois terminé, ce qui se produit généralement dans les quarante-huit heures, ils retirent un larve (*larve*) de la cellule de l'ouvrière, le placent dans la nouvelle cellule de la reine, le nourrissent de ce type de nourriture conçue uniquement pour les reines, et en huit à seize jours, ils ont une reine parfaite.

Dès que les abeilles auront déposé les larves en toute sécurité dans la nouvelle cellule royale, elles pourront reprendre leur liberté. Leur attachement à leur jeune couvée et leur fidélité à leur reine , à tous les stades de sa minorité, sont tels qu'ils ne les quitteront ni ne les abandonneront jamais, et continueront tous leurs travaux ordinaires, avec autant de régularité que s'ils avaient un Reine parfaite.

En fabriquant les reines dans de petites boîtes ou tiroirs, le propriétaire ne sera pas dérangé par leur essaimage la même saison où elles sont fabriquées. Il y a si peu d'abeilles dans le tiroir qu'elles sont incapables de protéger les reines nymphes, s'il y en a, d'être détruites par la plus âgée, ou par celle qui s'échappe la première de sa cellule.

En examinant le tiroir dans lequel j'élevais une reine supplémentaire, je trouvai non seulement la reine, mais deux cellules royales, dont l'une était en parfait état ; l'autre fut mutilé, probablement par la reine qui sortit la première. Maintenant qu'il y a si peu d'abeilles pour garder les nymphes, il ne serait pas très difficile à la reine la plus âgée d'accéder aux cellules et de détruire toutes les reines mineures du tiroir.

Lorsqu'un tiroir est transporté dans une ruche vide, dans le but d'obtenir une reine supplémentaire, il doit être placé à une certaine distance du rucher, pour mieux éviter qu'il ne soit volé par d'autres essaims. Lorsqu'elle se trouve à une certaine distance des autres colonies, il est peu probable qu'ils découvrent sa force relative. Il n'y a cependant que peu de danger qu'elle soit volée, jusqu'à ce que les abeilles soient hors de danger de perdre leur reine, ce qui se produit généralement pendant la saison d'essaimage.

La Reine est parfois perdue, par suite que la jeune couvée était trop avancée au moment du départ de la vieille Reine avec son essaim. Si les larves s'étaient avancées très près de l'état de dormance ou de chrysalide, avant que les abeilles n'apprennent qu'elles ont besoin d'une reine, et que la vieille reine négligeait de laisser des œufs, ce qui est parfois le cas, alors il serait impossible pour les abeilles de changer de nature. , et la colonie serait perdue, à moins d'en recevoir une autre.

RÈGLE VIII.

SUR L'APPROVISIONNEMENT D'ESSAMINS, DÉSITUÉS D'UNE REINE, AVEC UNE AUTRE.

Prenez le tiroir de la ruche qui y a été placé selon la règle 7, et insérez-le dans la chambre de la ruche à approvisionner ; en respectant la règle 6 lors de l'utilisation des diapositives.

REMARQUES.

Les colonies dépourvues de reine peuvent en recevoir une autre dès qu'on découvre qu'elles n'en ont pas ; ce qui n'est connu que par leurs actions.

Les abeilles, privées de leur souveraine femelle, cessent leur travail ; aucun pollen ni pain d'abeille n'est visible sur leurs pattes ; aucune ambition ne semble animer leurs mouvements ; aucune abeille morte n'est retirée ; aucune abeille difforme, aux divers stades de leur minorité, n'est extraite, tirée hors de ses cellules et lâchée autour de la ruche, comme cela est d'usage dans toutes les colonies saines et prospères.

Les colonies qui ont perdu leur reine, se trouvant sur le banc aux côtés d' autres essaims , se précipiteront dans la ruche voisine sans la moindre résistance. Ils commenceront leur émigration en courant par pelotons confus de centaines, de leur habitation à la ruche voisine. Ils se retournent aussitôt et rentrent chez eux en courant, et continuent ainsi, parfois pendant plusieurs jours, dans la plus grande confusion, à reconstituer sans cesse la ruche de leur voisine, en agrandissant sa colonie, et, en même temps, à réduire la leur, jusqu'à ce qu'il n'y ait plus de colonie. seul occupant est parti ; et aussi remarquable que cela puisse paraître, ils laissent chaque particule de leurs réserves à leur propriétaire ou aux déprédations du papillon.

Les colonies perdent leurs reines plus fréquemment pendant la saison d'essaimage que pendant toute autre période.

Au cours de l'été 1830, j'ai perdu trois bonnes souches d'abeilles à la suite de la perte de leurs reines, dont une peu après le premier essaimage, les deux autres peu de jours après le deuxième essaimage, et qui ont toutes manifesté des actions similaires. et aboutit aux mêmes résultats, qui seront plus particulièrement expliqués dans les remarques sur la règle 10.

La reine se perd quelquefois lorsqu'elle part en essaim, parce qu'elle est trop faible pour voler avec sa jeune colonie ; auquel cas les abeilles retournent chez leurs parents en quelques minutes. En fait, tous les événements de ce genre trouvent leur origine dans l'incapacité de la Reine. Si elle revient dans l'ancien stock, l'essaim ressortira le lendemain, si la météo est favorable. Si la reine est trop faible pour revenir et que le rucher néglige de la rechercher et de la ramener dans sa colonie, (ce qu'il devrait faire), les abeilles ne recommenceront pas à essaimer jusqu'à ce qu'elles en aient créé une autre ou qu'elles soient approvisionnées. ce qui peut être fait immédiatement en leur donnant n'importe quelle reine de rechange, je l'ai fait avec un plein succès et je n'ai jamais échoué dans l'expérience.

La reine, lorsqu'elle est perdue dans l'essaimage, est facilement retrouvée, à moins que le vent ne soit assez fort pour l'emporter sur une distance considérable. On trouve toujours avec elle quelques abeilles, qui lui servent probablement d'auxiliaires et aident grandement le rucher à l'épier. On la trouve fréquemment près du sol, sur une flèche d' herbe , sur une clôture ou dans tout autre endroit qui lui convient le mieux pour se poser, lorsque ses forces lui font défaut. Une fois, j'ai longuement recherché Sa Majesté, sans grand succès apparent. En même temps, autour de moi volaient une douzaine d'ouvriers ordinaires ou plus. Enfin , Son Altesse Royale fut découverte, cachée à mon observation dans un pli de la manche de ma chemise. Je l'ai ensuite ramenée dans sa colonie, qui avait déjà retrouvé le chemin de la souche parentale.

La Reine peut être prise en main sans danger, car elle ne pique jamais intentionnellement, sauf en cas de conflit avec une autre Reine ; et pourtant elle a un dard au moins un tiers plus long, mais plus faible qu'une ouvrière.

La reine est connue pour sa forme, sa taille et ses mouvements particuliers. Elle diffère peu par la couleur d'une ouvrière et a le même nombre de pattes et d'ailes. Elle est beaucoup plus grosse que n'importe quelle abeille. Son abdomen est très grand et parfaitement rond, et a plutôt la forme d'un pain de sucre, ce qui la fait reconnaître à l'observateur dès qu'on la voit. Ses ailes et sa trompe sont courtes. Ses mouvements sont majestueux et majestueux. Sa taille est beaucoup plus petite une fois la saison de reproduction terminée. Elle est facilement sélectionnée parmi un essaim, à n'importe quelle saison de l'année, par quiconque l'a souvent vue.

RÈGLE IX.

SUR LA MULTIPLICATION DES COLONIES DANS TOUTE MESURE SOUHAITÉE, SANS LEUR ESSAISEMENT.

Ce grand tiroir, n°1, doit toujours être utilisé à cet effet. Insérez les lames, comme dans la règle 6, et retirez le tiroir contenant les abeilles et le rayon à couvain ; placez-le dans la chambre d'une ruche vide ; bouchez les entrées des ruches nouvelles et anciennes, en prenant soin de leur donner de l'air, comme dans la règle 4. Donnez de l'eau propre quotidiennement, trois ou quatre jours. Maintenant, laissons les abeilles, dans les deux ruches, avoir leur liberté.

REMARQUES.

Cette opération est à la fois pratique et facile, et est de première importance pour tous les cultivateurs, qui veulent éviter d'avoir à les mettre en ruche lorsqu'ils pullulent ; et cependant cela n'empêchera pas l'essaimage, sauf dans la partie de la colonie divisée qui contient la reine au moment de leur séparation. L'autre partie étant obligée de créer une autre reine (et elles en font généralement deux ou plus) sera susceptible d'essaimer pour éviter leur combat, comme expliqué dans les remarques sur la règle 2. La ruche contenant l'ancienne reine peut essaimer faute de place ; mais, en tout cas, en accomplissant l'opération, cela a évité la peine de héberger un essaim et empêché tout danger de fuite vers les bois.

Multiplier les colonies selon cette règle est une méthode parfaitement sûre pour les gérer, en admettant qu'elles ne soient pas autorisées à s'assembler si bas qu'elles laissent des rayons inoccupés, ce qui sera expliqué dans les remarques sur la règle 10.

RÈGLE X.

SUR LA PRÉVENTION DES DÉPRÉDATIONS DU MITE.

Tous les plants infestés par le papillon le manifesteront dès que le temps chaud commencera au printemps, en laissant tomber quelques vers sur la planche inférieure. Laissez le rucher nettoyer la planche inférieure tous les deux matins ; en même temps, saupoudrez d'une cuillerée ou deux de sel frais pulvérisé.

Immédiatement après qu'un deuxième essaim soit sorti d'une ruche, dans la même saison, l'ancien stock doit être examiné ; et si l'essaimage a réduit leur nombre au point de laisser des rayons inoccupés, le rucher devrait retirer la reine de l'essaim et les laisser retourner à l'ancien stock. S'ils restent en grappe, rangez-les dans un tiroir et remettez-les immédiatement.

Les troisième et quatrième essaims doivent toujours se voir retirer leurs reines et les abeilles doivent être remises au stock parental.

REMARQUES.

"Cet insecte (le papillon) est originaire d'Europe ; mais il a trouvé son chemin dans ce pays et s'est naturalisé ici." - THATCHER.

Ce visiteur indésirable a retenu l'attention et mobilisé toutes les énergies des apiculteurs les plus expérimentés de notre pays et de plusieurs des plus grands naturalistes du monde. Leurs mouvements ont été observés et scrutés par les plus savants ; leur nature a été étudiée ; diverses expériences ont été tentées pour empêcher leurs déprédations ; mais après tout, le monstre aux teintes criardes continue sa route, commettant le plus grand chaos et la plus grande dévastation, avec peu d'agressions. J'ai perdu tout mon stock au moins quatre fois depuis 1808, comme je l'ai supposé par le papillon. J'ai essayé toutes les expériences recommandées dans ce pays et dans d'autres, dont j'ai eu connaissance ; mais après tout, je ne pouvais empêcher leurs ravages.

En 1830, j'ai construit une ruche (qui a depuis été brevetée) qui, je pensais, offrirait toutes les facilités pour gérer les abeilles de toutes les manières que leur nature permettait, et en même temps rendrait leur culture la plus rentable pour leur propriétaire. En construisant de chaque côté de la ruche des fenêtres de verre, presque aussi grandes que ses côtés, et en les obscurcissant en fermant les portes extérieures des fenêtres, qui peuvent être ouvertes à volonté, j'ai pu découvrir de nombreux faits importants : à la fois en ce qui concerne la nature et l'économie de l'abeille et de son ennemi le papillon de nuit ; mais il reste probablement encore beaucoup à apprendre sur les deux.

Le papillon, lorsqu'il est découvert pour la première fois par l'observateur commun, est un ver ou un asticot blanc, avec une tête à croûte rougeâtre, et dont la taille varie selon son mode de vie. Ceux qui ont un accès complet et sans entrave au contenu d'une ruche deviendront souvent aussi gros qu'une plume de dinde et mesureront un pouce et demi de longueur. D'autres mesurent à peine un pouce de longueur à maturité. Ils ont seize pattes courtes et se rétrécissent dans chaque sens depuis le centre de leur corps jusqu'à leur tête et leur extérieur ou leur abdomen.

Les vers, comme le ver à soie, s'enroulent dans un cocon et passent l'état dormant (chrysalide) de leur existence, et en quelques jours sortent de leurs étuis en soie de parfaits insectes ailés ou meuniers, et sont bientôt prêts à déposer leurs œufs, à partir desquels une autre récolte sera produite.

Le meunier, ou papillon parfait, est d'une couleur grisâtre, de trois quarts de pouce à un pouce de longueur. Ils restent généralement parfaitement immobiles pendant la journée, la tête baissée, se cachant dans et autour du rucher. Ils entrent dans la ruche pendant la nuit et déposent leurs œufs dans des endroits découverts, bien entendu non gardés par les abeilles. Ces œufs éclosent en peu de temps, variant selon les circonstances, probablement de deux ou trois jours à quatre ou cinq mois. Au début de leur existence, alors qu'ils ne sont encore qu'un petit ver, ils tissent une toile et construisent un linceul de soie, ou forteresse, dans lequel ils s'enveloppent et forment une sorte de chemin, ou de galerie, à mesure qu'ils avancent dans leur mars; en même temps parfaitement à l'abri des abeilles, dans leur étui de soie, qu'elles élargissent à mesure qu'elles grandissent, avec une ouverture sur le devant seulement, près de la tête, elles font les plus grands ravages et les plus grands ravages sur les œufs, les jeunes abeilles et tout ce qui se présente à leur passage.

Lorsque le papillon est arrivé à sa pleine maturité, il se prépare à devenir meunier, en s'enroulant dans un cocon, comme cela a déjà été expliqué. Le meunier est étonnamment rapide dans tous ses mouvements, dépassant de loin l'agilité de l'abeille la plus rapide, que ce soit en vol ou sur pattes. L'ennemi devient alors si redoutable que les abeilles sont facilement vaincues et deviennent bientôt une proie sûre pour lui.

Or, pour remédier aux maux des papillons et prévenir leurs ravages, et en même temps aider les abeilles dans leur prospérité et les rendre profitables à leur propriétaire, j'ai trouvé nécessaire d'utiliser une ruche matériellement différente de l'ancienne. boîte, et a commencé les opérations dans celle déjà mentionnée (appelée la ruche du Vermont) dans une série d'expériences qui ont produit des résultats parfaitement satisfaisants. Fort de six années d'expérience dans son utilisation, je n'ai aucun doute que les abeilles puissent être entretenues au mieux, et sans jamais être matériellement blessées par les papillons.

Une ruche doit être réalisée selon les règles de l'art, de manière à ne présenter aucun joint ouvert ; les planches doivent être exemptes de secousses et de fissures, car les abeilles rendront leur logement parfaitement étanche, de manière à exclure la lumière et l'air, en enduit tous les endroits laissés ouverts par l'ouvrier avec une sorte de mortier ou de colle. , de leur propre fabrication, qui n'est ni du miel ni de la cire, mais qui est très propice à la croissance des vers dans les premiers stades de leur état *larvaire* , et étant protégés des abeilles par le bois, ils sont en peu de temps capables de se défendre eux-mêmes par un linceul de soie.

Maintenant, la meunière entre dans la ruche et fait une incision dans la colle d'abeille, ou ciment, avec son aiguillon, et laisse ses œufs. Ces œufs y éclosent, et le couvain subsiste sur la colle jusqu'à ce qu'ils soient arrivés assez loin de la maturité pour pouvoir s'envelopper dans un linceul de soie ; et puis ils avancent.

Maintenant, à moins que les abeilles n'aient l'occasion de l'attraper par le collier ou la nuque pendant qu'il se nourrit et de l'arracher hors de son lieu de cachette, elles seront obligées de couper les rayons tout autour de son chemin de soie ou de sa galerie, et faites sortir le ver et sa forteresse tous ensemble. Dans le même temps, les abeilles sont obligées de couper les rayons au point de détruire une grande partie de leur jeune couvain, laissant ainsi la place à l'élimination des nuisances. Je les ai vus couper leurs peignes de quatre à huit ou dix pouces pour enlever ce linceul de soie, et je les ai vus couper et arracher leur seule reine restante avant qu'elle ne soit transformée en mouche parfaite, ce qui a causé la perte totale. de toute la colonie.

Des expériences répétées ont démontré que placer les abeilles au sol ou en hauteur ne constitue pas une protection contre les papillons nocturnes. J'ai perdu certaines de mes meilleures valeurs en les plaçant au sol, alors que ceux qui étaient sur le banc n'en ont pas été blessés. J'ai fait une rainure dans la planche inférieure, beaucoup plus large que l'épaisseur des planches de la ruche, et je l'ai remplie de terreau : j'ai ensuite placé la ruche dessus, de manière à empêcher toute fissure ou vide pour les vers ; et pourtant, en élevant la ruche quatre semaines plus tard, je les trouvai apparemment complètement développés tout autour de la ruche dans la terre. J'en ai trouvé en très grande quantité dans un arbre à quatre-vingt-dix pieds du sol.

La meilleure méthode, dans la pratique courante, pour prévenir les déprédations des papillons de nuit, est de suspendre le panneau inférieur assez loin au-dessous du bord inférieur de la ruche de manière à permettre aux abeilles d'entrer et de sortir librement tout autour pendant la saison des papillons. ou bien d'élever la ruche commune, en plaçant dessous des petits blocs à chaque coin, ce qui produit à peu près le même effet. Mais je ne connais qu'une règle, qui est infaillible, pour prévenir leurs déprédations, c'est celle-ci : garder les rayons bien gardés par les abeilles. Voir la règle 10.

Les grandes ruches, qui ne pullulent jamais, ne sont jamais détruites par le papillon, à moins qu'elles ne perdent leur reine, ne fondent ou ne subissent quelque perte, hors du cours ordinaire de leur gestion. Ils n'en sont pas souvent le moins du monde gênés, à moins qu'il n'y ait de mauvais joints, des fissures ou des secousses, de manière à offrir aux vers une cachette. La raison de leur prospérité est évidente. Le cheptel d'abeilles est si nombreux que leurs rayons sont tous bien gardés pendant la saison des papillons, de sorte qu'aucun meunier ne puisse y entrer et y déposer ses œufs.

Les ruches si petites qu'elles essaiment sont susceptibles de réduire leurs colonies à un point tel qu'elles laissent les rayons sans surveillance, surtout lorsqu'elles essaiment trois ou quatre fois dans la même saison. Tous les essaims, après le premier, sortent pour éviter la bataille des reines ; faisant constamment un plus grand tirage, proportionnellement au nombre qui en reste, jusqu'à ce que les rayons soient en partie exposés, ce qui donne au meunier un accès libre à leurs bords . — Les graines de rapine et de pillage sont ainsi rapidement semées, et bientôt végètent, et se fortifient par leur forteresse de soie, avant que les abeilles ne se rendent compte que leurs frontières sont envahies. Pendant que les papillons s'occupent ainsi d'établir leurs postes aux frontières des abeilles, celles-ci s'occupent constamment et infatigablement de se procurer une autre reine, pour suppléer à l'ancienne, partie avec un essaim, et d'élever des jeunes. les abeilles pour reconstituer leur colonie réduite. Maintenant que les papillons ont pris possession du terrain à leurs frontières, il faut un effort énorme de la part des abeilles pour sauver leur petite colonie d'un bouleversement complet.

Si les essaims tardifs ou les deuxième et troisième essaims reviennent toujours immédiatement, selon la règle , les rayons sont gardés de manière à ce que les papillons soient obligés de garder leurs distances, ou d'être piqués à mort avant de pouvoir accomplir leurs desseins.

Les ruches faites si grandes pour ne pas essaimer peuvent perdre leur reine, et alors elles abandonneront leur habitation et émigreront dans la ruche voisine, laissant tous leurs provisions à leur propriétaire, que, à moins qu'on ne s'en occupe immédiatement, les papillons ne manqueront pas de détruire.

.

On se plaint souvent des papillons alors qu'ils ne sont pas coupables. Les ruches sont fréquemment abandonnées par leurs occupants, à la suite de la perte de leur reine, sans que aucun observateur ne s'en aperçoive, et avant que l'on sache quoi que ce soit de leur sort, la ruche est dépourvue d'abeilles et remplie de papillons de nuit.

Durant l'été 1834, un de mes voisins possédait une très grande ruche qui n'a jamais essaimé, qui a perdu sa reine ; et au bout de quelques jours, les abeilles quittèrent entièrement leur logement et émigrèrent dans une ruche voisine, laissant la totalité de leurs provisions, qui s'élevaient à 215 livres. de miel dans le rayon.

Aucune jeune abeille ou papillon de nuit n'a été découvert dans la ruche. Des cas de ce genre se produisent fréquemment, et la véritable cause est inconnue, par inattention.

La reine peut être surannée ou tomber malade pendant la saison de reproduction, au point de la rendre infructueuse ; ou elle peut mourir de vieillesse. Dans les deux cas, la colonie sera perdue, à moins qu'elle ne soit dotée d'une autre reine, comme expliqué dans les remarques sur la règle 8 ; car lorsque la reine devient stérile pour l'une ou l'autre des causes précédentes, les abeilles ne sont au courant de la perte qu'elles subiront à l'avenir que lorsque les moyens de la réparer seront devenus hors de leur portée. Tous les larves peuvent avoir franchi les différentes étapes de leur transformation, ou du moins avoir progressé si loin vers l'insecte parfait, que leur nature ne peut pas être changée en reine.

La reine est beaucoup plus tenace que n'importe quelle autre abeille et peut vivre jusqu'à un âge avancé. Mais une reine existe dans la même ruche pendant très longtemps. Lorsqu'il y en a plus d'un, le son particulier de chacun, comme expliqué dans les remarques sur la règle 2, est entendu par l'autre, ce qui aboutit toujours à une bataille entre eux, ou à l'issue d'un essaim au cours d'un jour ou deux. .

Les abeilles, lorsqu'elles sont placées dans une pièce sombre dans la partie supérieure de la maison, ou dans quelque dépendance, sont faciles à cultiver pendant peu de temps et sans peine, et sont parfois rendues profitables à leur propriétaire ; mais comme ils sont sujets aux mêmes pertes que ceux gardés dans des ruches grouillantes, ils ne peuvent pas être aussi rentables.

Les grandes colonies n'augmentent jamais leur cheptel proportionnellement aux colonies grouillantes. Il n'y a qu'une seule femelle dans une grande colonie, et elles ne peuvent guère faire plus pour élever de jeunes abeilles que de maintenir leur cheptel en bon état en les reconstituant aussi vite qu'elles meurent ou sont détruites par les oiseaux, les reptiles et les insectes, qui sont formidables. admirateurs, et les avale parfois par dizaines. Or, s'il faut cinq colonies grouillantes pour être égales en nombre à celle décrite précédemment, il n'est pas difficile d'imaginer que cinq fois plus d'abeilles puissent être élevées par les colonies grouillantes : car une reine pondra probablement autant d'œufs qu'une autre.

Les ruches d'essaimage ne sont pas plus susceptibles d'être détruites par le papillon pendant la saison d'essaimage que les autres, si les ruches sont bien remplies d'abeilles conformément à la règle 10.

RÈGLE XI.

SUR L'ALIMENTATION DES ABEILLES.

S'il s'avère qu'un essaim a besoin d'être nourri, attachez-le à la mangeoire, bien conservée avec du bon miel, pendant qu'il fait chaud en octobre.

Le rucher doit utiliser les mêmes précautions lors de l'alimentation, comme indiqué dans la règle 4, pour éviter les vols.

REMARQUES.

Le meilleur moment pour se nourrir est l'automne, avant l'arrivée du froid. Toutes les ruches doivent être pesées et le poids marqué sur la ruche avant que les abeilles n'y soient hébergées. Puis, en pesant un stock dès que le gel aura tué les fleurs à l'automne, le rucher pourra se faire une juste estimation de ses besoins.

Lorsque les abeilles sont nourries à l'automne, elles transportent et déposent leur nourriture de la manière qui leur convient en hiver. Si l'alimentation est négligée jusqu'à ce qu'il fasse froid, les abeilles doivent être emmenées dans une pièce chaude ou une cave sèche, et elles emporteront alors leur nourriture, généralement pas plus vite qu'elles ne la consomment.

Une mangeoire doit être réalisée comme une boîte à cinq côtés fermés, laissant une partie du sixième côté ouverte, pour permettre l'admission des abeilles depuis leur entrée commune au niveau du sol, lorsqu'elles sont attelées sur le devant de la ruche. Il doit être suffisamment profond pour pouvoir être déposé en larges rayons remplis de miel. Si du miel filtré sans rayons est utilisé pour l'alimentation, un flotteur perforé de nombreux trous doit être posé sur tout le miel dans la boîte ou la mangeoire, de manière à empêcher qu'aucune des abeilles ne se noie ; et en même temps, ce flotteur doit être assez mince pour leur permettre d'atteindre le miel. Il doit être si petit qu'il se déposera aussi vite que le miel sera retiré par les abeilles. Dès que le temps chaud commence au printemps, la mangeoire peut être utilisée. On ne peut pas compter sur les petits tiroirs comme mangeoires, sauf au printemps et en été, à moins qu'ils ne soient maintenus si chauds que la vapeur des abeilles n'y gèlera pas. Il serait extrêmement dangereux pour les abeilles de pénétrer dans un tiroir gelé. Ils préféreront mourir de faim plutôt que de tenter l'expérience. Les tiroirs peuvent être utilisés sans danger de la part des voleurs, mais lorsque la mangeoire est utilisée, les voleurs doivent être protégés contre les voleurs comme indiqué dans la règle 4.

Il faut veiller, lors de l'alimentation d'automne, à leur fournir du bon miel, sinon la colonie risque d'être perdue avant le printemps à cause de la maladie. On peut leur donner du miel pauvre au printemps, à l'époque où ils peuvent se procurer et se procurer des médicaments qu'ils connaissent le mieux.

Le sucre dissous, ou la mélasse, peut être utilisé au printemps avec un certain avantage, mais ne doit pas être remplacé par le miel, lorsqu'il peut être obtenu.

Les abeilles meurent parfois de faim, alors qu'il y a beaucoup de miel dans la ruche. Par temps froid, ils se rassemblent dans une petite boussole pour se réchauffer ; puis leur haleine et leur vapeur s'accumulent en gel dans toutes les parties de la ruche, sauf dans la région qu'ils occupent. Désormais, à moins que le temps ne se modère, de manière à faire fondre la glace, les abeilles seront obligées de rester là où elles se trouvent jusqu'à ce que tous les provisions qui sont à leur portée soient consommées. Un hiver, nous avons eu un temps froid de quatre-vingt-quatorze jours consécutifs, pendant lesquels les abeilles ne pouvaient pas se déplacer d'une partie de la ruche à une autre. J'ai examiné toutes mes ruches le quatre-vingt-troisième jour, et le quatre-vingt-dixième jour j'ai trouvé quatre essaims morts. J'en ai immédiatement recherché la cause, comme déjà indiqué. J'ai ensuite transporté toutes mes ruches dans une pièce chaude et je les ai décongelées pour que les abeilles puissent bouger. Certaines ruches que je croyais mortes ont repris vie ; J'ai trouvé quelques essaims presque dépourvus de provisions, que j'ai emportés dans la cave, les ai retournés de bas en haut, j'ai découpé quelques rayons, afin de faire de la place pour déposer dans des rayons remplis de miel, qui servaient de bonnes mangeoires.

RÈGLE XII.

SUR LES ABEILLES HIVERNANTES.

A l'approche de l'hiver, dès que les abeilles se sont éloignées des tiroirs et sont descendues en dessous, insérez une glissière, sortez les tiroirs et remplissez leur place par des vides, de bas en haut. Suspendez le panneau inférieur à au moins un huitième de pouce au-dessous du bord inférieur de la ruche et ouvrez le ventilateur. — Nettoyez le panneau inférieur aussi souvent que le temps passe du froid au chaud. Ne leur fermez aucune porte, à moins qu'ils ne soient gardés dans une pièce spacieuse et dans un endroit tel que le souffle et la vapeur des abeilles ne gèlent pas.

REMARQUES.

Diverses méthodes ont été pratiquées par différentes personnes. Certains les ont enterrés dans la terre, d'autres les ont gardés dans la cave, la chambre, etc. Un seul parcours sera observé à cet endroit.

RÈGLE XIII.

SUR LE TRANSFERT D'ESSAIMS.

Cette opération ne doit jamais être effectuée par contrainte.

PREMIÈRE MÉTHODE. Insérez le tiroir n°1 dans la chambre de la ruche, pour le transférer dès le 1er mai. Si les abeilles remplissent le tiroir, elles s'éloigneront de l'appartement inférieur et hiverneront dans le tiroir. Dès le printemps, lorsque les abeilles portent du pain en abondance sur leurs pattes, transportez le tiroir, qui contiendra la partie principale des abeilles, dans une ruche vide. Retirez maintenant l'ancienne ruche quelques pieds en avant et placez la nouvelle contenant le tiroir à l'endroit où se trouvait l'ancienne. Maintenant, retournez la vieille ruche. S'il reste des abeilles dans l'ancienne ruche, elles reviendront bientôt et prendront possession de leur nouvelle habitation.

DEUXIÈME MÉTHODE. Prenez le tiroir n°1, bien rempli par n'importe quelle ruche la même saison, insérez-le dans la chambre de la ruche, pour être transféré en septembre (août serait mieux.) Si les abeilles ont besoin d'être transférées, elles se rendront au tiroir. et en font leurs quartiers d'hiver. Procédez ensuite au printemps comme indiqué dans la première méthode.

REMARQUES.

Cette gestion devrait susciter un profond intérêt chez chaque pratiquant, tant du point de vue temporel que moral. Temporel, car la vie de toutes les abeilles est préservée ; moral, car nous sommes responsables devant Dieu de tous nos actes. Nous ne devons pas être justifiés de prendre la vie d'animaux ou d'insectes, qui ne sont que des bénédictions, à moins que le propriétaire ne puisse tirer de leur mort un bénéfice qui l'emporterait sur les maux résultant d'un tel sacrifice. Le devoir m'oblige à protester dans les termes et les sentiments les plus forts contre la pratique inhumaine consistant à sacrifier la vie des insectes les plus industrieux et les plus réconfortants aux besoins de la famille humaine par le feu et le soufre.

Lorsque les abeilles occupent un immeuble depuis plusieurs années, les rayons deviennent épais et sales, remplis de vieux pain et de cocons fabriqués par les jeunes abeilles lorsqu'elles se transforment de *larve* en mouche parfaite.

Les abeilles s'enroulent toujours dans leurs cellules, dans un cocon de soie, ou linceul, pour passer leur état de torpeur et sans défense (chrysalide) . — Ces cocons sont très minces et ne sont jamais enlevés par les abeilles. Elles sont toujours nettoyées immédiatement après la fuite des jeunes abeilles, et les autres sont élevées dans les mêmes cellules. On élève ainsi un certain nombre d'abeilles, ce qui laisse un cocon supplémentaire aussi souvent que la transformation de l'une succède à celle de l'autre, ce qui se produit souvent au cours de la saison. Or, au bout de quelques années, les cellules se contractent tellement, à la suite de ce remplissage, que les abeilles n'en sortent que de simples naines et cessent parfois d'essaimer. Les rayons sont rendus inutiles par le fait qu'ils sont remplis de vieux pain, qui ne sert jamais qu'à nourrir les jeunes abeilles. Une plus grande quantité de ce pain est emmagasinée chaque année qu'ils n'en utilisent, et en quelques années ils n'ont plus que peu de place pour accomplir leurs travaux ordinaires . — D'où la nécessité de les transférer, ou la sentence inhumaine de mort doit être prononcée. non pas en les pendant par le cou jusqu'à ce qu'ils soient morts, mais en les torturant à mort par le feu et le soufre.

Il est évident pour tout cultivateur que les anciens stocks doivent être transférés. Je les ai transférés à plusieurs reprises de la manière la plus approuvée, au moyen d'un appareil construit à cet effet ; mais l'opération aboutissait toujours ensuite à la perte de la colonie, ou d'un essaim qui en serait sorti. Lorsqu'il est nécessaire de transférer un essaim, insérez le tiroir n°1 dans leur chambre au printemps, disons le premier mai. S'ils remplissent le tiroir, qu'il y reste ; s'ils ont besoin d'être changés dans une nouvelle ruche, ils s'éloigneront de l'appartement inférieur et feront du tiroir leur quartier d'hiver, qui devrait y rester jusqu'à ce que le temps chaud soit assez avancé pour leur fournir du pain. Ensuite, ils peuvent être transférés dans une ruche vide, comme indiqué dans la Règle. Or, le tiroir ne contient plus de pain et doit rester dans l'ancien stock jusqu'à ce que les abeilles puissent se procurer une quantité suffisante de cet article pour nourrir leurs jeunes abeilles ; car le pain n'est pas récolté assez tôt et en quantité suffisante pour nourrir leurs petits autant que la nature l'exige. Si les abeilles ne parviennent pas à remplir le tiroir, il faut en utiliser un rempli par un autre essaim.

OBSERVATIONS GÉNÉRALES.

Le lecteur aurait pu s'attendre à de nombreuses choses démontrées dans cet ouvrage, qui sont omises à dessein.

La structure de l'ouvrière est trop bien comprise par tout propriétaire d'abeilles pour nécessiter une description particulière. Il en va de même du drone ; et la reine a déjà été suffisamment décrite pour permettre à chacun de la choisir parmi ses sujets. Si une description plus détaillée est souhaitée, l'observateur peut facilement se satisfaire en utilisant un microscope . —

Chaque essaim d'abeilles est composé de trois classes ou espèces, à savoir : une reine ou femelle, des faux-bourdons ou mâles et des neutres ou ouvrières. La reine est la seule femelle de la ruche et pond tous les œufs à partir desquels sont élevées toutes les jeunes abeilles pour reconstituer leur colonie. Elle n'a sur elles aucune autorité, sinon celle d'influence, qui vient de ce qu'elle est la mère de toutes les abeilles ; et eux, sachant qu'ils dépendent entièrement d'elle pour propager leur espèce, la traitent avec la plus grande bonté, tendresse et respect, et manifestent à tout moment l' attachement le plus sincère envers elle en la nourrissant et en la protégeant des animaux. tout danger.

Le gouvernement d'une ruche est plus près républicain que celui de tout autre, parce qu'il est administré exactement selon leur nature. C'est leur instinct naturel particulier qui les guide dans toutes leurs actions. La Reine n'a pas plus à voir avec le gouvernement de la ruche que les autres abeilles, à moins que l'influence ne puisse être appelée gouvernement. Si elle trouve des alvéoles vides dans la ruche, pendant la saison de reproduction, elle y déposera des œufs, car c'est sa nature de le faire ; et la nature des ouvriers les pousse à prendre soin et à allaiter toutes les jeunes *larves* , à travailler et à recueillir de la nourriture pour leur subsistance, à garder et à protéger leurs habitations, et à faire et accomplir toutes choses, dans l'obéissance due, non aux commandements de la reine. , mais à leur propre instinct particulier.

Le faux-bourdon est probablement l'abeille mâle, bien que l'union sexuelle n'ait jamais été observée par aucun homme ; pourtant tant d'expériences ont été tentées et d'observations faites, que l'on ne peut guère douter de sa véracité. Que les rapports sexuels aient lieu dans les airs est hautement probable, du fait que d'autres insectes de la tribu des mouches s'accouplent dans les airs, lorsqu'ils sont en vol , comme je l'ai vu à plusieurs reprises. Que le faux-bourdon soit l'abeille mâle est probable du fait que les faux-bourdons ne sont pas tous tués en même temps ; mais au moins un dans chaque ruche est autorisé à vivre plusieurs mois après le massacre général.

J'ai examiné quatre essaims, dont les colonies étaient fortes et nombreuses, trois mois après le massacre général des faux-bourdons, et dans trois ruches j'ai trouvé un faux-bourdon chacun ; l'autre a probablement été négligé, car les abeilles étaient jetées au feu aussi vite qu'elles étaient examinées. Mais il y a beaucoup de choses mystérieuses à leur sujet, et beaucoup de choses pourraient être écrites sans grand intérêt ; et comme il est conçu pour ne pas aller plus loin dans les illustrations que ce qui est nécessaire pour aider l'apiculteur à bien gérer, de nombreuses petites spéculations ont été entièrement omises dans l'ouvrage, et le lecteur est renvoyé aux écrits de Thatcher, Bonner et Huber, qui sont les auteurs les plus volumineux et les plus complets sur les abeilles à ma connaissance.

Les abeilles sont des créatures d'habitudes et il faut faire preuve de prudence dans leur gestion. Un stock d'abeilles doit être placé là où elles doivent rester pendant toute la saison avant qu'elles ne prennent l'habitude de se localiser, ce qui aura lieu peu après le début de leur travail au printemps . Ils apprennent leur habitat grâce aux objets qui les entourent à proximité immédiate de la ruche. Les déplacer (à moins qu'ils ne soient portés au-delà de leur connaissance) leur est souvent fatal. Les vieilles abeilles oublient leur nouvel emplacement et, à leur retour, lorsqu'elles collectent des provisions, elles s'éloignent de l'endroit où elles se trouvaient auparavant et périssent tristement. J'ai connu de beaux stocks ruinés en les déplaçant de six pieds et de là à un mille et demi. Il vaut mieux les déplacer avant l'essaimage qu'après. Seules les vieilles abeilles seront perdues. Comme les jeunes éclosent constamment, leurs habitudes se formeront au nouveau peuplement, et les rayons ne seront pas aussi susceptibles de se vider, de manière à donner aux papillons l'occasion d'occuper n'importe quelle partie de leur terrain.

Les essaims, lors de leur première ruche, peuvent être déplacés à volonté sans perte d'abeilles, en admettant qu'elles soient toutes dans la ruche ; leurs habitudes se formeront en proportion exacte de leurs travaux . — La première abeille qui vide son sac et part à la recherche de nourriture est celle dont les habitudes se sont établies en premier. J'ai observé de nombreuses abeilles se regrouper près de l'endroit où se trouvait la ruche, mais quelques heures après la ruche, et périr. Or, si l'essaim avait été placé dans le rucher, immédiatement après Si elles étaient en ruche, le nombre d'abeilles trouvées aurait été moindre.

Les abeilles peuvent être déplacées à volonté à n'importe quelle saison de l'année, si elles sont transportées sur plusieurs kilomètres, de manière à échapper à leur connaissance du pays. Ils peuvent être transportés sur de longs voyages en voyageant uniquement de nuit, ce qui leur donne la possibilité de travailler et de collecter de la nourriture pendant la journée.

L'importance de cette partie de la gestion des abeilles est la seule excuse que je puisse présenter pour m'attarder si longtemps sur ce point. J'en ai vu beaucoup subir de graves pertes en raison du déplacement de leurs abeilles après qu'elles étaient bien installées dans leur travail.

Les abeilles ne devraient jamais être irritées, sous quelque prétexte que ce soit. Ils doivent être traités avec attention et gentillesse. Ils ne doivent pas être dérangés par le bétail ni par tous autres désagréments, afin qu'ils puissent être approchés à tout moment en toute sécurité.

Un rucher doit être situé de telle manière que l'essaimage puisse être observé, et en même temps que les abeilles puissent obtenir de la nourriture facilement et en plus grande abondance.

Il est courant de placer les ruches devant l'est ou le sud. Cette doctrine doit être explosée avec tous les autres caprices. Les ruchers doivent être situés de manière à convenir à leur propriétaire, tout comme tout autre bâtiment.

Je les ai orientés vers tous les points cardinaux, mais je ne distingue aucune différence dans leur prospérité.

Les jeunes essaims doivent être dispersés autant que possible pendant la saison estivale, à au moins huit pieds de distance. Ils doivent être placés dans un cadre et couverts de manière à exclure le soleil et les intempéries de la ruche.

Il n'est pas surprenant que cette branche de l'économie rurale, à la suite des déprédations du papillon, soit à ce point négligée. — Bien que, dans certaines régions de notre pays, la gestion des abeilles ait été entièrement abandonnée depuis des années, j'en suis sûr. ils peuvent être cultivés de manière à les rendre plus profitables à leurs propriétaires que n'importe quelle branche de l'agriculture, en proportion du capital nécessaire à investir dans leur capital. Ce ne sont pas des biens imposables, ils ne nécessitent pas non plus un investissement foncier important ni des clôtures ; il n'est pas non plus nécessaire que le propriétaire travaille tout l'été pour les nourrir pendant l' hiver. — Des soins sont, en effet, nécessaires, mais un enfant ou une personne âgée peut accomplir la plupart des devoirs d'un apiculteur. Les toiles d'araignées doivent être tenues à l'écart du voisinage immédiat de la ruche et tous les autres désagréments doivent être supprimés.

La gestion des abeilles est un emploi délicieux et peut être exercé avec le meilleur succès dans les villes et les villages, ainsi que dans les villes et les campagnes. C'est une source de grand amusement, mais aussi de confort et de profit. Ils récoltent le miel et le pain de la plupart des espèces d'arbres forestiers, ainsi que des fleurs des jardins, des vergers, des forêts et des champs ; tous contribuent à leurs besoins, et leur propriétaire est gratifié d'un avant-goût de l'ensemble. La mignonnette douce ne peut pas être trop fortement recommandée. — Cette plante se cultive facilement au moyen de semoirs dans le jardin, et est l'une des fleurs les plus belles et les plus riches du monde dont l'abeille domestique peut extraire sa nourriture.

La ruche Vermont est la seule que je puisse utiliser avec beaucoup d'avantages ou de profit, et pourtant il y a quelques autres améliorations qui sont de loin supérieures à l'ancienne boîte. Au cours de l'été 1834, j'ai reçu en essaims et en miel supplémentaire de mon meilleur stock, trente dollars ; et pour les plus pauvres, quinze dollars. Mes premiers essaims produisaient du miel supplémentaire qui était vendu pour un montant de cinq à dix dollars par ruche ; et tous les essaims tardifs de rayons qui ont été doublés ont stocké une quantité suffisante de nourriture pour les approvisionner pendant l'hiver suivant.

Les règles de l'ouvrage précédent peuvent peut-être être jugées, dans certains cas, trop particulières ; cependant, dans tous les cas, elles s'avéreront sûres et infaillibles dans leur application, bien que sujettes à des exceptions, comme celles qui sont inhérentes à toutes les règles spécifiques.

REMARQUES COMPLÉMENTAIRES.

SUR LA RÈGLE D'ABORD.— Le dessous du plancher de la chambre doit être raboté et lisse ; puis on gratte d'un coup sec, de manière à permettre aux abeilles de tenir bon ; autrement, ils pourraient tomber brusquement sur la planche inférieure, ce qui pourrait les inciter à quitter la ruche et à fuir vers les bois. Le fait que l'intérieur de la ruche doit être lisse ressort clairement du fait que les rayons adhèrent beaucoup plus fermement à une planche lisse qu'aux petites fibres ou éclats laissés par la scie, et sont moins susceptibles de tomber. Ces remarques ont été omises dans l'ouvrage par erreur.

RÈGLE DEUXIÈME— SUR L'ESSAIEMENT ET LE VIH,— Les tiroirs doivent être tournés, de manière à laisser entrer les abeilles au moment de la ruche ; à moins que l'essaim soit si petit qu'il peut être localisé dans un tiroir.

REMARQUES.— Les abeilles commencent à fabriquer des rayons, où toute la colonie a de la place pour travailler. Maintenant, si les abeilles peuvent toutes entrer dans le tiroir, elles commenceront par là ; bien sûr, ils élèveront des jeunes abeilles et déposeront du pain dans le tiroir. Si l'essaim est si grand qu'il ne peut travailler dans le tiroir, il n'y a aucun danger de le laisser entrer. En même temps, il peut y avoir un danger si on l'empêche d'entrer, car il lui arrive parfois de s'éloigner faute de place. l'appartement du bas. Je recommande donc de laisser les abeilles dans les tiroirs au moment de leur mise en ruche, dans tous les cas, sauf lorsque les essaims sont petits, alors la règle doit être strictement respectée. Bien que j'aie hébergé des centaines d'essaims au cours des huit dernières années et que je n'ai pas perdu un seul essaim par fuite vers les bois, j'entends fréquemment parler de pertes de ce genre, ce qui semble rendre ces remarques nécessaires. Ma pratique en ruche est de faire entrer les abeilles dans la ruche le plus rapidement possible, de les accrocher au panneau inférieur, de l'attacher vers l'avant au moyen du bouton de manière à empêcher toute évasion d'une des abeilles, sauf par la bouche de La ruche; placez la ruche immédiatement là où j'ai l'intention qu'elle reste pendant toute la saison. Laissez la planche inférieure descendre de 3/8 de pouce, le troisième jour après l'essaimage.

REMARQUES SUR LA RÈGLE 10.— Les reines des petits essaims devraient être retirées et les abeilles remises au cheptel parent, de manière à maintenir l'ancienne ruche bien remplie d'abeilles pendant la saison des papillons ; de même pour éviter la perte du vieux stock par le gel en hiver.

Un essaimage trop important entraîne fréquemment la perte des vieux animaux l'hiver suivant, parce que leur nombre est si réduit qu'il est impossible de conserver la chaleur animale nécessaire pour les empêcher de périr par le froid. Il peut y avoir plus d'une reine dans tous les essaims après le premier [1], comme dans tous les cas où les abeilles font une reine, elles en font une pluralité, et si plus d'une éclos au moment de l'essaimage, dans la confusion qui en résulte. a lieu dans la ruche, pendant l'essaimage, toutes les reines éclos sortiront avec l'essaim ; par conséquent, en enlevant les reines, le maître des abeilles doit les rechercher jusqu'à ce que les abeilles commencent à retourner dans le cheptel parental. Coupez un membre et secouez les abeilles sur une table pour trouver les reines.

---

[1]

Les grandes colonies perdent parfois leur reine et sont connues pour en produire davantage, auquel cas, afin d'éviter le conflit des reines, elles sont connues pour essaimer plusieurs boisseaux d'abeilles.